LES
DENTS HUMAINES

DE LA

SÉPULTURE NÉOLITHIQUE

DE

Belleville, à Vendrest (S.-et-M.).

1er MÉMOIRE : LES DENTS DE PREMIÈRE DENTITION

Par le Dr

FERRIER (de Paris),

Médecin-Dentiste des Hôpitaux de Paris.

LE MANS

IMPRIMERIE MONNOYER

12, Place des Jacobins, 12

—

1913

Les Dents humaines de la Sépulture néolithique de Belleville, à Vendrest (Seine-et-Marne).

1ᵉ Mémoire : Les Dents de Première Dentition.

Par le Dʳ

FERRIER (de Paris),

Médecin-Dentiste des Hôpitaux de Paris.

La *Société préhistorique Française* nous ayant fait le grand honneur de nous confier l'étude des dents recueillies dans la Sépulture néolithique de Vendrest (Seine-et-Marne) (1) et ayant laissé à notre appréciation la teneur de cette étude, nous devons tout d'abord indiquer ce que nous nous sommes proposé dans ce travail. Nous exposerons ensuite, chemin faisant, les documents anatomiques et physiologiques, sur lesquels nous nous sommes appuyé, ainsi que les remarques et observations personnelles qui nous ont guidé dans nos appréciations, de façon que chacun de nos collègues puisse facilement contrôler, vérifier, discuter les différents points de notre travail.

Nous rechercherons, en premier lieu, le nombre de Squelettes, déposés dans la Chambre funéraire.

Cette première partie comprendra :

1° *a*) L'exposé de nos *moyens d'investigation* ; *b*) le Dénombrement.

2° La Mortalité. — Nous la comparerons à la mortalité des habitants actuels du même pays.

3° La forme et le volume des Dents des Néolithiques.

Nous comparerons ces éléments avec les mêmes éléments des dents actuelles.

4° Les Lésions pathologiques [*Carie* ; *Anomalies*]. — Comparaison avec les lésions actuelles).

Fig. 1. — La Sépulture néolithique de Belleville à Vendrest (S.-et-M.). — *Entrée.* — Restauration actuelle [Cliché Marcel Baudouin].

(1) Propriété de la *Société Préhistorique Française.*

5° Les Altérations fonctionnelles (*Usure*). — Comparaison avec l'usure actuelle.

I.

1° DÉNOMBREMENT ET MOYENS D'INVESTIGATION. — Cette recherche a pour but de corroborer et de compléter, si possible, les travaux de notre ami, M. le Dr Marcel Baudouin (1). — Les dents sont, en effet, les organes qui résistent le mieux aux injures du temps ; leur ténuité comme organe nous expose, il est vrai, à en laisser échapper quelques-unes dans la récolte ; mais leur nombre et leur personnalité absolument définie en font, en définitive, une des meilleures bases de dénombrement.

Nous avons, pour nous guider dans cette recherche, des données anatomiques et physiologiques très précises, que je vous demanderai la permission de vous rappeler rapidement.

1° La *Forme des dents*, qui nous permet d'abord de séparer les dents temporaires ou de lait, des dents définitives ou d'adultes ; puis, dans chaque dentition, les dents du haut de celles du bas ; les dents de gauche de celles de droite ; puis de les grouper et enfin d'individualiser chacune d'elles avec une précision mathématique.

2° La *Calcification*. — Vous savez que le dépôt des sels calcaires, qui donnent à la dent sa consistance, procède de la base de la couronne, c'est-à-dire de sa face triturante, de sa pointe ou de son bord libre, — suivant la dent considérée, — vers le sommet de la racine, en suivant, dans leur marche progressive et simultanée, le développement et la croissance des maxillaires et des dents. — Ce processus physiologique porte naturellement sur les dents temporaires comme sur les dents définitives.

Différents auteurs se sont efforcés d'établir, d'une façon précise la hauteur de cette calcification aux différents âges ; et il semblerait que, vu, d'une part, l'importance de la question, tant au point de vue médico-légal qu'au point de vue préhistorique, vu d'autre part les limites si restreintes de variabilité des pièces documentaires et la facilité du simple constat qu'exige ce travail, il semblerait, disonsnous, que ces auteurs eussent dû arriver d'emblée à des constatations identiques. — Or, il n'en est rien. — Ici, en effet, deux auteurs américains, les Drs Pierce et Norman Broomel (de Philadelphie), dont les données concordent, entre elles, d'après le Dr Amoëdo (in *L'Art dentaire en Médecine légale*), fixent la fin du travail de calcification à vingt-deux mois... Là, deux auteurs Français, Debierre et Pravaz (*Contribution à l'Odontogénie* ; in *Arch. de Physiolog.*, 1886) fixent la fin du même travail un peu au delà de cinq ans !

(1) Marcel BAUDOUIN. — *La Sépulture Néolithique de Belleville, à Vendrest (S.-et-M.)* [Rapport général]. — Paris, 1911, in-8°, 267 p., pl. hors texte.

Trois ans d'écart, entre les deux données d'un même état : c'est beaucoup ! — Où est la vérité ?

Les auteurs américains ont eu l'idée de schématiser ce processus dans un tableau qui parle aux yeux, comme vous pouvez vous en rendre compte par la reproduction ci-jointe (*Fig.* 2 ; II), tandis que Debierre et Pravaz ont donné simplement un tableau des différentes

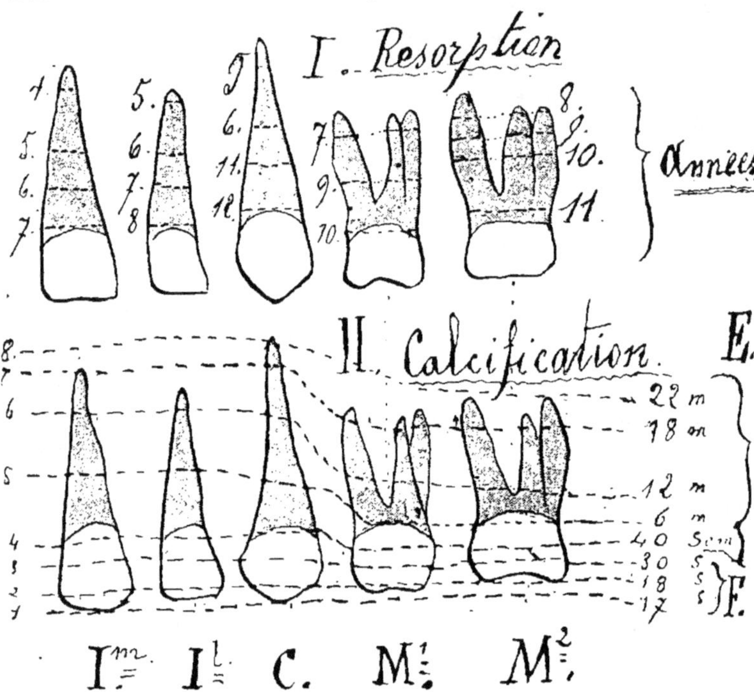

Fig. 1. — RÉSORPTION ET CALCIFICATION DES DENTS TEMPORAIRES.
I. — *Résorption des Dents temporaires* [D'après Pierce].
II. — *Calcification des Dents temporaires* [D'après Pierce]. — Schéma calqué sur la Fig. reproduite par Amoëdo [*L'Art dentaire en Médecine légale*].

longueurs des dents aux différentes âges, tableau appuyé sur un texte et des figures, constituant un ensemble où l'on a quelque peine à se reconnaître. Aussi, les auteurs qui, plus tard, ont eu à s'appuyer sur ces différents travaux n'ont-ils pas hésité à s'en référer sans contrôle au tableau si commode des auteurs américains.

Nous-même, faisant confiance à ceux-ci, dont nous trouvions le tableau reproduit dans les ouvrages les plus récents et les plus autorisés, nous allions établir, d'après ce tableau, l'âge des squelettes d'enfants trouvés dans la Sépulture de Vendrest, lorsque l'un des fragments de maxillaires, dont nous examinions les dents à cette intention, vint jeter dans notre esprit un doute sur l'exactitude du Tableau de Pierce, relatif aux Dents temporaires. Cette pièce, par des détériorations fortuites, nous montrait en même temps des dents de lait dont la calcification accusait, d'après Pierce, 12 mois, et des dents définitives en voie d'évolution, accusant, d'après le même auteur, 6 ans ! — Les données de cette pièce furent bientôt confirmées par quatre autres, que nous trouvâmes parmi les fragments des mâchoires, qui nous avaient été remis par M. le Dr Marcel Baudouin.

Nous reportant alors au travail de Debierre et Pravaz, nous pûmes constater que, sur nos pièces, les indications chronologiques que donnent ces auteurs pour les deux dentitions concordaient assez nettement. Autrement dit, d'après le travail de ces auteurs, les dents temporaires et les dents définitives, en place sur la même pièce, accusaient bien le même âge.

Laissant donc de côté les données de Pierce pour la Calcification des dents temporaires, voici celles de Debierre et Pravaz.

Nous les reproduisons ici dans le double but de faciliter à nos collègues le contrôle de notre travail et d'éviter la recherche de ces documents à ceux qui, après nous, pourraient en avoir besoin. Par ailleurs, nous avons entrepris de rectifier le tableau de Pierce, dont l'idée est heureuse, en nous basant sur des documents irrécusables, à savoir : des pièces anatomiques photographiées. Nous nous ferons un devoir de présenter, en son temps, ce travail à la Société, d'autant que le mémoire des auteurs de Lyon présente quelques obscurités: d'application relativement facile sur des mâchoires ayant leurs dents en place, ce mémoire se prête mal à l'identification de dents isolées; or c'est le cas en ce qui concerne notre travail et ce cas doit se présenter fréquemment en Préhistoire.

Voici donc, résumées, les données de Debierre et Pravaz.

« Sur le fœtus à terme, les couronnes (des dents temporaires) sont bien dessinées : sans racines à la mâchoire inférieure, avec racines esquissées aux incisives seulement à la mâchoire supérieure...

« Il est à remarquer, d'ailleurs, qu'à la mâchoire supérieure le développement paraît plus accentué à cette époque de la vie.

. . . .

« A six mois, les racines des I et C ont paru ; la première petite molaire ébauche son collet ; il existe seulement un plateau coronal léger et mince à la deuxième petite molaire (temporaire) et à la première molaire (définitive).

« A douze mois, la racine des incisives provisoires a 0^m005 ; la couronne de la première molaire (définitive), seule parue à cette époque, mesure 0^m001 à 0^m001,5 au-dessus du bulbe.

« A quinze mois, le collet commence aux I et C permanentes ; la prémolaire antérieure (temporaire) a deux racines longues de 0^m007 en moyenne ; le collet de la deuxième prémolaire (temporaire) est fait ; ses deux racines commencent à poindre ; la première molaire (définitive) commence son collet ».

Ici le mémoire devient obscur ; nous transcrivons :

« A vingt mois, la première prémolaire, toujours incluse dans son sac, est très développée : elle présente quatre ou cinq tubercules, complétement formés, et une portion radiculaire, longue de 0^m003 (M. I.) ».

Or, dans le paragraphe précédent, nous lisons que cette même première prémolaire a deux racines, longues de 0^m007... Il est vrai que l'auteur note « M. I. (mach. infér.) », donnant à penser que le paragraphe précédent se rapporte à la mâchoire supérieure. — Mais toutes ses figures représentent des mâchoires inférieures !

« La deuxième prémolaire, au contraire, est complétement dépourvue de collet et de racine ».

... Et, cependant, nous venons de voir qu'à quinze mois son collet est fait et que ses deux racines commencent à poindre !

« A vingt-quatre mois, les deux prémolaires ont leurs racines... »

Croissance ultra rapide ! A vingt mois, en effet, la deuxième prémolaire était encore dépourvue de collet et de racines [V. plus haut] !

« Les cinq premières dents (24 mois) ont des racines bien formées, bien que notablement ouvertes encore à leur extrémité inférieure ». (Pierce les donne comme complétement formées à vingt-deux mois).

« A trois ans...., quant aux incisives et à la canine permanentes, rien ou presque rien de changé : elles sont toujours réduites à une table bien formée, complète, surmontant souvent un collet bien formé, mais, sans racines.

« Ces dents permanentes, toujours sans racines, se retrouvent encore *à cinq ans*. Mais ici, les provisoires sont complétement formées ; à peine les prémolaires seules offrent-elles à leurs racines, un *pertuis visible* ».

Ce qui signifie clairement que la Calcification des Prémolaires (temporaires) s'achève complétement entre cinq et six ans !

Sans nous arrêter aux obscurités que nous venons de relever dans ce mémoire, à ses lacunes et ses imprécisions, nous en retiendrons les parties claires, à savoir : l'absence de racines à la naissance ; la fin de la calcification entre cinq et six ans. Entre ces deux points extrêmes, nous nous aiderons des quelques indications données sur quelques étapes intermédiaires certaines : six, douze, quinze mois ; et nous resterons avec une période vague entre vingt mois et cinq ans, où nos indications chronologiques ne s'appuieront que sur des appréciations personnelles, mais ne s'éloigneront pas quand même beaucoup de la réalité.

Pour la commodité des identifications, nous avons dressé le tableau ci-joint, reproduisant, sous une forme facile à consulter, les données de Debierre et Pravaz.

La Calcification atteint pour les Dents temporaires (Debierre et Pravaz) :

A la Naissance :	incisives	...	base de la couronne.
—	canines	...	— —
—	molaires	...	— —
A 6 mois :	incisives	...	commencement de la racine.
—	canines	...	— —
—	molaires	...	1re, couronne collet.
—	—	...	2me, couronne.
A 12 mois :	incisives	...	0^{m}05 de racine.
—	canines	...	—
A 15 mois :	molaires	...	1re, 0^{m}07 de racine.
—	—	...	2me, collet et début des racines.
A 24 mois :	incisives, racines.		
—	molaires, racines incomplètes.		
A 5 ans :	2me molaire, léger pertuis persistant à la racine.		

Ce processus de la Calcification permettra, comme vous le verrez plus loin, d'affirmer l'existence d'un Sujet, qui n'est représenté que par une canine, dont la couronne seule est calcifiée, et n'a pas de correspondantes synchroniques dans aucun des autres groupes.

3° La *Résorption*. — Vous savez également qu'à mesure que la dent définitive se développe, sa couronne progresse vers le bord buccal du maxillaire, que, dans cette course lente, elle vient au contact des racines de la dent de lait, qu'elle doit remplacer ; et que celle-ci peu à peu lui cède la place, en disparaissant à leur point de contact, progressivement, de la racine au collet, par un travail physiologique qu'on a appelé la Résorption.

Cette sorte d'érosion, facilement reconnaissable, quand on l'a vue, s'étend plus ou moins sur la hauteur de la racine. Tantôt elle taille celle-ci en biseau plus ou moins allongé comprenant ou détruisant son sommet ; tantôt elle part de la zone moyenne de la racine, pour s'étendre ensuite en sens inverse à mesure que la définitive progresse, vers le sommet de la racine et vers le collet de la dent (car, et nous insistons sur ce point, la résorption ne se fait qu'au contact des dents de remplacement, et, si ce contact ne se produit pas, soit que la définitive n'évolue pas, soit qu'elle évolue mal, c'est-à-dire en dehors de sa direction et de sa place normales, la dent de lait n'est pas résorbée, elle reste en place, et il n'est pas rare d'en trouver dans ces conditions, dans des bouches de vingt, trente, quarante ans): la résorption est presque toujours incomplète ; la dent temporaire reste adhérente à la gencive par un tronçon de racine, et, finalement, elle est basculée par la définitive, qui, continuant son mouvement, vient se coiffer plus ou moins de travers, de la couronne de lait.

M. le Dr Pierce (de Philadelphie) a donné, dans *Dental Cosmos* (1884), un tableau schématique de la marche de la Résorption. C'est celui que nous reproduisons ci-joint (*Fig* 2 ; 1). D'après ce tableau, la résorption totale des racines se ferait en trois ans et quelques mois, de sorte que, par l'étude attentive du degré de calcification ou du degré de résorption, avec les seules dents de lait, nous tenons toute la Chronologie des Ages, depuis les premières semaines du fœtus jusqu'à onze à douze ans !

4° *L'Usure des Couronnes.* — L'usure des couronnes n'est qu'un résultat du fonctionnement plus ou moins parfait d'un organe plus ou moins parfait lui-même et comme disposition et comme structure et comme résistance : fonctionnement plus ou moins intense, plus ou moins normal, sur des substances de composition et de consistance extrêmement variables.

Nous ne développerons pas ici cette énumération, qui est le sommaire du chapitre de l'Usure des Dents, que nous nous proposons de traiter longuement, sinon à fond. — Mais, déjà, cette variabilité dans les éléments qui concourent à la production du phémonène, leur multiplicité, suffisent à vous faire présumer de la valeur intrinsèque de l'usure dans le diagnostic, par exemple, de l'âge précis d'une dent.

Néanmoins, telle quelle, l'Usure, dans le cas particulier qui nous occupe en ce moment, vient comme appoint précieux à nos autres éléments de diagnostic : la calcification et la résorption.

5° *La Chute des dents de la première Dentition.* — Magitot fixe comme il suit l'époque de la chute des différents groupes de dents de lait :

Incisives centrales supérieures...	7 ans
— inférieures..............	7 ans 1/2
Incisives latérales........................	8 ans
Prémolaires inférieures...................	10 ans
Premières prémolaires supérieures........	10 ans 1/2
Deuxièmes prémolaires supérieures........	11 ans 1/2
Canines............	12 ans

Ainsi la canine est, par excellence, la dent sur laquelle nous pouvons lire l'âge d'un sujet de la naissance : calcification de la couronne ; à 12 ans, chute par résorption radiculaire.

6° *La Calcification des Dents définitives ou de deuxième dentition.* — Nous ne ferons que la mentionner ici comme élément de notre travail général ; le schéma de ce processus et les considérations qui peuvent s'y rattacher se trouveront mieux à leur place en tête du chapitre, relatif au dénombrement des Dents adultes.

*
* *

Tels sont nos moyens de diagnostic du nombre et de l'âge des Sujets trouvés dans la Sépulture de Vendrest.... Bien que nous regrettions de vous avoir retenus si longtemps sur ces notions préliminaires, que beaucoup d'entre vous possèdent, nous en sommes certain, aussi bien que nous, nous nous voyons pourtant, pour être complet, obligé de vous arrêter encore un moment à quelques points assez délicats de Diagnostic.

Ainsi, étant donné une couronne entièrement privée de racines, ou avec des racines raccourcies, avons-nous affaire à la Désagrégation, à la Résorption ou à la Calcification incomplète ?

La *Calcification* incomplète est si nettement caractérisée que la confusion avec l'un quelconque des deux autres états n'est guère possible. — La matière manque à l'intérieur de la dent ; la cavité affecte très sensiblement la forme d'un entonnoir, de dimensions variables et à ouverture centripète ou centrifuge, suivant le point où a été arrêté le travail de la calcification ; les bords sont minces, tranchants, réguliers, presque toujours bien conservés, c'est-à-dire sans traces de désagrégation ; (il semblerait que ces dents jeunes présentent plus de résistance aux injures du temps que les dents plus âgées) ; ils dessinent une figure très variable, suivant le point de la dent qu'ils occupent et la forme de la dent considérée. — Ici, ils suivent le collet d'une molaire ; c'est un carré allongé dont la ligne de contour offre toutes les sinuosités qui correspondent à la naissance des racines ; — là, c'est le milieu d'une racine de grosse molaire inférieure : ils forment presque un huit ; sur une racine de canine, ils formeront une circonférence.

D'autre part, la couronne n'est pas touchée ou est à peine effleurée par l'usure.

Tout autre est l'aspect de la *Dent désagrégée* ; sur une couronne qui a perdu ses racines par désagrégation, la cavité pulpaire apparaît, entourée d'une marge épaisse, à surface grenue, irrégulière, déchiquetée, friable... ; sur les racines, mêmes caractères autour de la lumière du canal radiculaire ; la couronne présente des traces manifestes d'usure.

Tout autre aussi est l'aspect de la *Dent résorbée.* — Sur les racines, vous voyez une sorte d'érosion, à contours nets, à surface régulière, dure, qui presque toujours la taille en bizeau, en bec de flûte... Sur une couronne seule, sans racines, n'ayant plus que l'émail, évidée, on pourrait avoir quelque hésitation ; mais le degré de l'usure lévera les doutes.

Nous sommes maintenant très suffisamment armés pour aborder notre chapitre du dénombrement.

II.

Ce Dénombrement, grâce aux éléments de diagnostic que nous venons de passer en revue, serait chose relativement simple. si nous possédions *toutes* les dents qui ont été déposées dans la Sépulture ou mieux toutes les dents qui étaient en place dans les mâchoires des sujets, lors de leur décès...; il nous suffirait par exemple de prendre une dent, comme la canine, dont la vie s'étend sur toute la période temporaire... Le nombre nous indiquerait de suite le quantum des sujets ; et le degré de calcification de chacune nous donnerait l'âge de son propriétaire à sa mort. Mais la collection est loin d'être complète, soit que ces minuscules pièces se soient effritées ; soit qu'elles se soient égarées entre le moment du Décès... et de la Décarnisation et le moment du dépôt dans la Sépulture ; soient enfin qu'elles aient échappé à la récolte, pourtant si minutieuse, qui en a été faite.

Ainsi, nous avons un chiffre global de 118 deuxièmes molaires (52 du haut ; 66 du bas), et nous n'avons que 86 canines (41 du bas ; 45 du haut) : soit un déficit de 32 canines. Or, les canines sont les contemporaines des molaires pendant toute la période temporaire et elles ont même sur elles une survie de six à huit mois ! Donc normalement, nous devrions avoir plus de canines que de molaires
Or, c'est le contraire ! — Et ce déficit ne peut être imputable que pour une faible part à la chute de ces dents avant décès, si l'on considère que la carie, comme nous le verrons plus loin, étant une rareté, canines et molaires ne devaient tomber que par résorption radiculaire et que les dents que nous possédons n'accusent que très peu de sujets parvenus au terme de la caducité de ces dents.
Il en est de même pour les autres groupes : 43 incisives du haut, contre 22 incisives du bas ; 65 premières molaires, contre 98 deuxièmes molaires ; nous n'insistons pas. — Mais, nous appuyant sur ces chiffres, nous pouvons affirmer que la représentation de tous les sujets déposés dans la Sépulture n'est pas complète : ce qui ne .ait d'ailleurs que confirmer les conclusions sur ce point du Rapport d'ensemble de notre Secrétaire général.

Toutefois, malgré ces lacunes, étant donné, comme nous le disons tout au début de ce travail, qu'une seule dent peut représenter un sujet, à défaut de ses contemporaines et de ses homologues, nous pensons, en définitive, que nous approchons sensiblement du chiffre exact.

*
* *

Nous possédons

Incisives du haut :	Centrales	... gauches.......	11
—	—	... droites.......	9
—	latérales	... gauches.......	11
—	—	... droites.......	12
Incisives du bas :	Centrales et latérales, droites et		
	gauches....................		22
Canines :	haut . . droites............		22
—	— ... gauches............		23
- -	bas ... droites		18
—	— ... gauches		23
Premières Molaires :	haut ... droites............		25
—	— ... gauches		20
—	bas ... droites		27
- .	— ... gauches............		22
Deuxièmes Molaires :	haut ... droites		30
—	— ... gauches...........		22
—	bas ... droites		34
—	— ... gauches...........		32

Il est tout indiqué que nous basions nos calculs sur notre groupe le plus fourni : sur les deuxièmes molaires du bas. L'examen successif des autres groupes nous permettra de compléter les renseignements que nous aura fournis le premier.

DEUXIÈMES MOLAIRES INFÉRIEURES DROITES. — 34. — Parmi ces dents (d'après Debierre et Pravaz) :

	1 peut être attribuée à un sujet de		6	mois.
	2 à des sujets de		15	—
	6 —	....	18	—
Encore adhérentes	1 —	....	5	ans.
aux maxillaires :	1 —	....	6	—
—	1 —	....	7	—
—	4 —	....	8	—
—	1 —	....	9	—

17 à des sujets entre 7 et 8 ans : absence presque complète de résorption ; mais indication vague, à cause de l'effritement d'un grand nombre de racines.

DEUXIÈMES MOLAIRES INFÉRIEURES GAUCHES. — Le groupe des deuxièmes molaires inférieures gauches, quoique moins nombreuses, nous fournit de suite une indication précieuse.

Deuxièmes molaires inférieures gauches 32
2 attribuables à sujet de........................ 6 mois.
3   —   —   15   —
6   —   —   .... 15 à 20   —
1   —   —   .... 4 à 5 ans.
22   —   —   .... 6 à 10 ans.

Ainsi, nous pouvons compter :
 2 sujets de 6 mois, au lieu de............... 1
 3 de 15 mois, au lieu de.................... 2

c'est-à-dire que nous augmentons de deux unités le total indiqué par les molaires droites. — Soit 36, au lieu de 34.

Premières molaires. — Les premières molaires ne nous fournissent aucune indication supplémentaire.

Canines. — Les canines qui auraient dû nous servir de base ne nous donnent rien au point de vue du nombre par l'examen de la calcification.

Les canines du haut, droites ou gauches, nous indiquent 7 sujets de 15 à 20 mois, au lieu de 6, indiquées par les molaires ; c'est-à-dire un sujet de plus = 37.

Les canines du bas, côté droit, nous donnent également ce chiffre : 7 pour des sujets de 15 à 20 mois.

Mais, celles de gauche nous indiquent 3 sujets à la naissance, qui ne sont représentés dans aucun des autres groupes. Nous aurions donc dès maintenant 40 Sujets au-dessous de 10 ans

Incisives. — Le chiffre le plus élevé des incisives d'en haut est 12 ; celui des incisives du bas, droites et gauches, est 22 ; il n'y a pas lieu de nous y arrêter ; ces chiffres sont inférieurs à ce que nous donnent les autres groupes pour la période au-dessous de six ans.

Ceci s'explique, parce que c'est vers six ans que ces dents tombent par résorption ; et un certain nombre de sujets ont pu les perdre vers cet âge avant décès.

Nous restons donc avec 40 Sujets au-dessous de dix ans environ. Nous disons dix ans, parce qu'aucune des dents que nous possédons ne présente le degré de résorption qui marque l'approche de la chute, laquelle a lieu (voyez plus haut le Tableau de Magitot), de dix à douze ans.

Ces Sujets se répartissent ainsi d'après leur âge :

3 à la *naissance*.	3 de 6 *ans*	
2 de 6 *mois*.	1 de 7 —	
3 de 15 —	4 de 8 —	
7 de 18 à 20 *mois*.	2 de 9 —	
1 de 4 à 5 *ans*.	1 de 10 —	
1 de 5 —	12 de 5 à 10 *ans*.	

Dans le tableau ci-dessus, l'âge des sujets nous a été fourni, pour un premier groupe de 15, de la naissance à vingt mois, par l'état de la Calcification de dents libres. — Pour un second groupe de 13 sujets, de quatre à dix ans, il nous a été donné par des dents encore adhérentes aux maxillaires, et leur âge a été établi d'après l'état de la calcification des dents définitives, présentes en même temps que les temporaires. — Pour un dernier groupe de 12, de 5 à 10 ans, nous sommes sans autres indications que la résorption et l'usure, et la perspective de faire double emploi avec celles que nous avons pu déterminer avec précision. Nous les laissons donc dans le vague: de cinq à dix ans.

III.

MORTALITÉ. — Il nous a paru intéressant de fixer, avec la précision que nous permettent nos documents incomplets, la Mortalité de cette époque reculée, et de la comparer à l'époque actuelle. Pour avoir toute sa valeur, cette comparaison devait être faite entre des éléments du même milieu. Nous avons pu la faire, grâce aux bons offices de notre collègue, M. Ph. Reynier, l'inventeur de la Sépulture.

Le recensement de nos Néolithiques de Vendrest nous donne :

3 décès à la *naissance*.	1 à 7 —
2 à 6 *mois*.	4 à 8 —
3 à 15 —	2 à 9 —
7 à 18 à 20 *mois*.	1 à 10 —
1 à 4 à 5 *ans*.	12 à 5 à 10 *ans*.
1 de 5 *ans*.	40
3 à 6 *ans*.	

Le Recensement dans le même pays, de 1858 à mai 1865, donne 150 décès ; nous n'en retiendrons pour le moment que ceux au-dessous de 12 ans.

MOIS.		ANNÉES.	
Morts nés	9	de 1 an à 2.	10
Moins d'un mois.	17	2 » 3.	4
1 à 2 mois.	4	3 » 4.	2
2 » 3 —	2	5 » 6.	1
3 » 4 —	4	6 » 7.	1
4 » 5 —	2	7 » 8.	1
5 » 6 —	2	Total général...	68
7 » 8 —	4		
8 » 9 —	1		
9 » 10 —	1		
10 » 11 —	1		
11 » 12 —	2		
	49		

Je compte, comme Néolithiques, 150 sujets pour Vendrest.

Ce chiffre, un peu plus élevé que celui donné par notre ami, M. Marcel Baudouin, nous est fourni par 109 symphyses du menton adultes, représentant 109 squelettes, et les 40 squelettes d'enfants, dont nous donnons plus haut la justification. — Donc :

Néolithiques : Sur 150 sujets, décès au-dessous de 12 ans : 40. Soit : 26 0/0.

Actuels : Sur 150 sujets, décès au-dessous de 12 ans : 68. Soit : 46 0/0.

Voilà un chiffre instructif déjà, comme enseignement global : 20 0/0 de plus, à l'époque actuelle qu'à l'Age Néolithique!

Voyons nos chiffres dans le détail. Si l'on jette les yeux comparativement sur les deux Tableaux, on constate qu'à partir d'un mois les chiffres diffèrent peu d'un tableau à l'autre ; mais, avant un mois, la différence est énorme.

Chez les Néolithiques, sur 150 sujets, dans le premier mois : 3 décès ; soit 2 0/0.

Chez les Actuels, sur 150 sujets, dans le premier mois : 26 décès ; soit 17 0/0.

Comparons encore les décès infantiles entre eux dans le premier mois.

Chez les Néolithiques, sur 40 décès au-dessous de 12 ans, nous avons dans le premier mois : 3 décès ; soit 7 0/0.

Chez les Actuels, sur 68 décès au-dessous de 12 ans, nous avons dans le premier mois : 26 décès ; soit 39 0/0.

Eloquence impitoyable des chiffres, qui nous clame brutalement le degré de notre déchéance ! — On sait, en effet, qu'actuellement la Mortalité énorme qui sévit sur la toute première enfance est, pour la plus large part, le résultat de la débilité, de l'inaptitude à la vie des produits... Or, cette débilité et cette inaptitude à la vie sont le résultat direct de la déchéance physique des générateurs... Et cette déchéance à son tour n'a pas d'autres causes que les fléaux que signalent sans merci les hygiénistes : infections, intoxications diverses, auxquelles, on le voit, il n'est que le temps de mettre un frein... C'est là seulement qu'est la solution de l'angoissant problème de la Dépopulation...

Si l'on veut considérer la question de haut et toute question de sentiment à part, il faut reconnaître que, au point de vue de la régénération, conserver les produits défectueux va à l'encontre du but visé ; le produit défectueux en effet est pour la société un poids mort, une entrave à la marche en avant, de rendement social nul, souvent nuisible, reproducteur de déchets de plus en plus inférieurs. Et les Spartiates avaient raison, en les confiant immédiatement à l'Eurotas!

— 14 —

Ce qu'il faut, c'est une production saine, irréprochable. Celle-là se conserve toute seule. Nos Néolithiques nous le démontrent péremptoirement. — C'est l'Eugénisme seul qui nous sauvera ; mais n'est-ce pas là un treizième travail d'Hercule ?

IV.

Comparaisons avec les Dents temporaires actuelles. — Forme ; volume. — Nous avons sous les yeux un stock de dents temporaires, provenant de notre service de stomatologie de l'Hôtel-Dieu…. Il nous est impossible de découvrir entre ces dents et celles de nos Néolithiques, tant pour la forme que pour le volume, la plus minime différence. Pour plus de précision, nous avons pratiqué, avec le pied à coulisse muni d'un Verner, des mensurations comparatives, qui n'ont fait que confirmer les données fournies par l'œil.

Mensurations des Dents : 2e Molaires inférieures gauches.

Epoque actuelle.

	Diam. transv.		Diam. antéro-postér.		Diam. transv.		Diam. antéro-postér.
	D. T.		D. A. P.		D. T.		D. A. P.
1	8,9	—	10,5	9	9,8	—	10,6
2	10,1	—	11,0	10	8,0	—	9,5
3	9,0	—	10,4	11	8,7	—	0,1
4	8,8	—	10,0	12	8,5	—	9,6
5	8,4	—	9,9	13	8,3	—	9,7
6	8,7	—	10,5	14	9,4	—	11,2
7	8,9	—	10,5		123,8		143,6
8	8,3	—	10,0				

Néolithiques.

	D. T.		D. A. P.		D. T.		D. A. P.
1	9,1	—	10,1	14	8,2	—	10,1
2	9,2	—	10,2	15	9,0	—	10,1
3	8,7	—	10,5	16	9,1	—	10,7
4	8,8	—	0,1	17	8,4	—	9,9
5	9,4	—	11,2	18	9,3	—	10,5
6	9,4	—	10,7	19	9,6	—	10,1
7	9,5	—	10,7	20	8,6	—	10,0
8	8,4	—	9,3	21	9,0	—	10,5
9	8,8	—	10,2	22	9,5	—	10,7
10	9,0	—	10,6	23	9,4	—	10,2
11	8,9	—	10,3	24	8,9	—	10,2
12	8,5	—	9,6		215,9		246,2
13	9,2	—	10,7				

Ces mensurations ont porté sur 24 deuxièmes molaires inférieures néolithiques d'une part, et sur 14 deuxièmes molaires inférieures de l'époque actuelle.

Elles nous donnent, comme moyennes, en millimètres :

Diamètre transverse des dents :   Néolithiques.............. $8^{mm},9$
    —   —   actuelles.. .... $8^{mm},8$
Diamètre antéro postérieur :   Néolithiques............. $10^{mm},2$
    —   —   actuelles.............. $10^{mm},2$

C'est-à-dire mêmes dimensions exactement, à 1/10 de millimètre près pour le diamètre transverse. — En somme, différence nulle !

CARIE. — L'examen le plus minutieux ne nous a fait découvrir, sur ces dents, que trois Caries légères, n'atteignant pas la cavité centrale : une sur une deuxième molaire supérieure droite ; une sur la face antérieure d'une première molaire inférieure gauche ; une sur la face antérieure d'une première molaire inférieure droite. — Ces deux dernières caries appartiennent au même sujet, d'après la forme, le volume, la teinte, l'état de calcification des racines de ces dents.

Un de nos élèves, le Dr Janet, a eu l'obligeance de relever pour nous, l'état de la bouche de 23 clients du Dispensaire Furtado Heine et du service des Enfants Malades, services dirigés par le Dr Gourc, que nous remercions ici de son empressement à favoriser ce travail.

Ce relevé donne 94 dents cariées sur 23 enfants de 4 à 10 ans !

Ne possédant pas toutes les dents de nos 40 sujets néolithiques (nous n'en avons que 363, alors que nous devrions en avoir 800 environ), nous ne pouvons établir le pourcentage par sujet ; nous nous contenterons d'un pourcentage par nombre de dents. Ce sera encore très vague, des dents ayant pu, par carie, disparaître avant le décès de l'enfant. Mais nous aurons quand même une approximation suffisante, pour établir en faveur des Néolithiques une supériorité sanitaire écrasante.

Sur les 23 enfants qui font l'objet du relevé du Dr Janet, 9 ont atteint 7 ans : âge auquel ont disparu les incisives temporaires ; nous aurons donc à retrancher le chiffre qui représente ces incisives, soit : $8 \times 9 = 72$, du nombre total des dents attribuables à 23 enfants, soit : $20 \times 23 = 460$.

$$460 - 72 = 388.$$

Nous aurons donc : chez les Néolithiques, 3 caries pour 363 dents ; soit : 0,82 0/0.

Chez les Actuels, 94 caries pour 388 dents ; soit : 24 0/0.

Nous devons faire remarquer que notre comparaison est faussée par la différence des milieux, où la nécessité nous a fait puiser nos documents ; il est certain que les enfants qui viennent dans un dispensaire ou dans un service dentaire hospitalier sont choisis parmi ceux qui ont de mauvaises dents. Un relevé fait sur le tout venant d'une école par exemple, nous eut donné un pourcentage moins chargé ; pour les actuels, ce pourcentage eut pu être meilleur encore, si le relevé eût été fait dans un milieu rural ; mais, tel qu'il est, ce pourcentage comporte tout de même son enseignement.

Caries. — Relevé de M. Janet :

1 F.	4 ans	11	13 F.	6 ans	0
2 F.	6 ans	6	14 F.	6 ans	1
3 H.	6 ans	7	15 H.	5 ans	4
4 H.	5 ans 1/2	1	16 H.	6 ans	6
5 H.	5 ans	1	17 H.	5 ans 1/2	4
6 H.	7 ans	9	18 H.	7 ans	2
7 H.	6 ans	1	19 F.	7 ans	9
8 H.	8 ans	2	20 H.	5 ans 1/2	8
9 H.	8 ans 1/2	1	21 F.	9 ans	4
10 H.	5 ans	1	22 F.	10 ans	5
11 H.	7 ans	3	23 F.	7 ans 1/2	4
12 F.	8 ans	4			

94 caries sur **23** sujets au-dessous de 10 ans.

Anomalies. — Le chapitre des Anomalies ne sera pas chargé : il n'y en a pas dans nos dents temporaires néolithiques ! Toutefois, nous pouvons, de ce néant, tirer des conclusions, toutes à l'avantage de l'état sanitaire de ces peuplades. Les anomalies, en effet, ne sont que les résultantes de viciations originelles de la nutrition, portant sur la constitution intime et le développement des organes, et déterminant les malformations de l'émail, les malformations de la dentine, qui entraînent les caries dans l'enfance et plus tard dans l'adolescence, les directions vicieuses des racines, le mal développement des maxillaires, soit par défaut, soit par excès. Galippe a montré (hérédité des maxillaires et des dents) qu'un anormal pouvait transmettre toutes les anomalies et que la cause qui détermine une anomalie peut les déterminer toutes... Et ces causes ne sont autres que les maladies ou les intoxications, dont nous parlons plus haut. — L'absence d'anomalies exclut donc à peu près complètement la probabilité de l'existence de ces causes de déchéance chez nos Néolithiques !

Usure. — Des observations que nous avons pu faire dans le cours de notre carrière, et des quelques pièces que nous avons pu nous procurer depuis que notre attention a été éveillée sur ce sujet, il résulte pour nous que, si l'usure peut être dans certains cas déterminée par le genre d'alimentation, dans le plus grand nombre des cas, il faut faire entrer en ligne de compte des causes plus puissantes et plus constantes.

Cette étude, pour les dents temporaires, gagnera à attendre celle que nous nous proposons de faire pour les dents définitives. Nous éviterons ainsi les redites et les longueurs. Nous terminons en demandant à la S. P. F. de vouloir bien nous faire crédit jusqu'à ce moment.